Vorwort

Das Beratergremium für umweltrelevante Altstoffe, kurz BUA genannt, wurde im Mai 1982 im Einvernehmen zwischen Bundesregierung, Wissenschaft und chemischer Industrie bei der Gesellschaft Deutscher Chemiker (GDCh) eingerichtet. Die Ansiedlung bei dieser international geachteten wissenschaftlichen Gesellschaft bot nach übereinstimmender Auffassung die Gewähr für eine sachbezogene Arbeit nach wissenschaftlichen Grundsätzen.

Die paritätische Besetzung des BUA – mit einer Stimme „Übergewicht" für die Wissenschaft – soll eine ausgewogene Meinungsbildung sichern. Denn auch die Daten chemischer Stoffe lassen sich wissenschaftlich unterschiedlich interpretieren; die Geschichte der Wissenschaften war stets auch die Geschichte ihrer Kontroversen.

Nach mehr als fünf Jahren darf man feststellen, daß sich das Konzept, nach dem das BUA gegründet wurde und seitdem arbeitet, bewährt hat. Dennoch ist diese Arbeit nicht von Kritik verschont geblieben. Sie richtet sich, soweit ich das überblicken kann, nicht ernsthaft gegen die Arbeitsmethodik dieses Gremiums; bemängelt wird eher seine vermeintlich zu langsame Arbeit. Das mag die verständliche Reaktion einer Öffentlichkeit sein, die in Sachen Umwelt extrem sensibel geworden ist – sicher auch die Reaktion auf tagespolitische Forderungen, die sich häufig mehr an Wunschdenken oder auch dem Streben nach Publizität als an wissenschaftlichen Realitäten orientieren.

Der Stand der Arbeit des BUA rechtfertigt einen zusammenfassenden Bericht über seine bisherige Tätigkeit und ihre Ergebnisse. Er wird mit dieser Schrift vorgelegt. Als Vorsitzender des BUA benutze ich diesen Anlaß gern dazu, seinen Mitgliedern für die uneingeschränkte Bereitschaft zu kollegialer Kooperation zu danken. Dem Bundesumweltminister danke ich für die in diesem Jahr erfolgte Aufstockung der Mittel für die Arbeit des BUA, die bisher überwiegend auf ehrenamtlicher Basis geleistet werden mußte. Die jetzt möglich gewordene Einrichtung eines mit hauptberuflichen Mitarbeitern besetzten wissenschaftlichen Büros wird sicher auch zu einer Intensivierung und Beschleunigung der Arbeiten beitragen.

Ich wünsche dieser Schrift eine weite Verbreitung und verständnisvolle Leser. Ich erhoffe mir von ihr auch eine Versachlichung der Diskussion um das BUA. Auch der nicht fachkundige Leser wird erkennen, daß solche Arbeit ihre Zeit braucht. Die inzwischen vorliegenden Ergebnisse rechtfertigen m. E. die Sorgfalt und Gründlichkeit, die die Arbeit des BUA kennzeichnen.

Frankfurt, im November 1987

Ernst Bayer
Vorsitzender des BUA

Ein altes Problem von hoher Aktualität

Den Problemkreis „Chemische Stoffe und Umwelt" gibt es, seit der Mensch es gelernt hat, seine Stoffkenntnisse zur Lösung vielfältiger Aufgaben zu verwenden – von der Zubereitung und Haltbarmachung seiner Nahrung bis zur Verbesserung natürlicher und Herstellung völlig neuer Materialien. So gut wie immer waren dabei neben den gewünschten Ergebnissen auch unbeabsichtigte, einmal mehr, einmal weniger störende oder schädliche Auswirkungen zu verzeichnen.

Mit dem zunehmenden Aufschwung der industriellen Produktion chemischer Produkte vervielfältigte sich die Zahl der Problemlösungen. Sie haben in allen Bereichen des menschlichen Lebens und Wirkens zu einer nachhaltigen Verbesserung der Lebensqualität, ja zur Verlängerung des Lebens selbst beigetragen. Sie haben die Konsumgewohnheiten, vor allem in der westlichen Wohlstandsgesellschaft, grundlegend verändert. Sie haben uns aber auch mit negativen Auswirkungen konfrontiert, die sich in folgenden Erkenntnissen zusammenfassen lassen:

● Emissionen und Abfälle aus Produktion und Konsum belasten Mensch und Umwelt zunehmend mit chemischen Stoffen, von deren Eigenschaften wir vielfach noch wenig wissen. Die Schädigungen manifestieren sich häufig erst nach Jahren. Spektakuläre Fälle, wie Erkrankungen durch Vinylchlorid, Asbest (übrigens kein Chemieprodukt, sondern ein Naturstoff) oder in letzter Zeit die polychlorierten Dibenzodioxine, haben dazu beigetragen, diese Risiken in das Bewußtsein einer breiten Öffentlichkeit zu rücken und zu einem Politikum ersten Ranges zu machen.

● Über die Größe des Problems können wir kaum etwas aussagen, weil über zu viele Stoffe noch zu wenig Kenntnisse vorliegen. Das gilt vor allem für die Langzeitwirkungen kleinster Konzentrationen von Stoffen, die sich im Laborversuch bei zum Teil sehr viel höheren Konzentrationen als krebserzeugend oder erbgutverändernd erwiesen haben, auf Mensch und Ökosysteme.

● Von den Grenzen der Belastbarkeit unserer Umwelt, unseres Ökosystems, ist uns bisher ebenfalls nur wenig bekannt.

Die Massenmedien haben mit einer oft dramatisierenden Darstellung solcher Vorfälle dazu wesentlich beigetragen; gleichwohl wäre unser Problembewußtsein ohne ihr Wirken vermutlich immer noch unterentwickelt.

Der Gesetzgeber hat daher in bezug auf die Masse der Chemikalien ähnliche Maßnahmen ergriffen, wie er sie schon früher für solche speziellen Produkte getroffen hat, die bei ihrer bestimmungsgemäßen Anwendung mit dem Menschen selbst oder mit der menschlichen Nahrung in Berührung kommen: Arzneimittel und Kosmetika etwa, oder Dünge- und Pflanzenschutzmittel.

Im Sinn verantwortungsvoller Vorsorge dürfen neue chemische Produkte nach dem 1980 verabschiedeten und 1982 in Kraft getretenen Chemikaliengesetz nur dann in den Verkehr gebracht werden, wenn sie vorher vom Hersteller auf etwaige für Mensch und Umwelt gefährliche Eigenschaften geprüft worden sind. Da es weder sinnvoll noch machbar gewesen wäre, diese Regelung generell auf alle chemischen Produkte zu beziehen, wurde sie auf die in diesen Produkten enthaltenen „chemischen Individuen", also Inhaltsstoffe, begrenzt, von denen ja etwaige schädliche Auswirkungen ausgehen.

Bei der Konzeption des Chemikaliengesetzes hat es sich aber auch als unmöglich erwiesen, alle schon im Verkehr befindlichen chemischen Substanzen in eine gesetzliche Regelung einzubeziehen. Ihre Zahl war seinerzeit nicht zu überblicken, und die mit einer generellen Prüfforderung für alle Chemikalien verbundenen Kosten wären nicht zu vertreten gewesen – ganz abgesehen einmal davon, daß die dafür erforderliche wissenschaftliche Manpower gar nicht zur Verfügung gestanden hätte. Ein solcher Aufwand erschien auch unnötig, da viele dieser Stoffe allein durch den jahrzehntelangen Umgang mit ihnen und die dabei gewonnenen Erkenntnisse bekannt sind.

Das Chemikaliengesetz der Bundesrepublik Deutschland unterscheidet daher nach dem Vorbild der USA und Japans zwischen sogenannten Altstoffen, die vor Inkrafttreten des Gesetzes bereits auf dem Markt waren, und solchen, die erst danach erstmals vermarktet wurden. Erstmals vermarktete, sogenannte neue Stoffe wurden einer Prüfverpflichtung auf gefährliche Eigenschaften unterworfen und müssen mit den Ergebnissen dieser Prüfung *vor* ihrer Vermarktung angemeldet werden.

Das GDCh-Beratergremium für umweltrelevante Altstoffe

Damit war das Altstoffproblem jedoch noch nicht gelöst. Denn es sind natürlich in erster Linie nicht oder nicht ausreichend geprüfte Altstoffe, deren Verwendung mit Risiken für Mensch und Umwelt verbunden ist. Das Chemikaliengesetz trägt dieser Tatsache Rechnung. In § 4 Absatz 6 ermächtigt es die Bundesregierung, auch Altstoffe auf ihre Umweltverträglichkeit überprüfen zu lassen. Der Bundesregierung ihrerseits erschien es sinnvoll, sich dabei von einem nach dem Kooperationsprinzip gebildeten neutralen wissenschaftlichen Gremium beraten zu lassen, das bei einer unabhängigen wissenschaftlichen Institution angesiedelt sein sollte. Die Wahl des seinerzeit für Umweltfragen zuständigen Bundesinnenministers fiel auf die Gesellschaft Deutscher Chemiker (GDCh) als größte wissenschaftliche Gesellschaft auf dem Gebiet der Chemie in der Bundesrepublik Deutschland.

Am 7. Mai 1982 hat der Vorstand der GDCh nach eingehenden Beratungen mit Vertretern des Bundesinnenministeriums, des Umweltbundesamtes, der chemischen Industrie und der Wissenschaft die Einrichtung des Beratergremiums für umweltrelevante Altstoffe (BUA) als Kommission der Gesellschaft beschlossen und seine Mitglieder berufen. Es besteht aus je fünf Vertretern der Behörden und der Industrie sowie sechs Vertretern der Wissenschaft, von denen einer den Vorsitz innehat. Den Aufgabenteil des Bundesinnenministeriums hat das am 5. Juni 1986 neu gegründete Bundesministerium für Umwelt, Naturschutz und Reaktorsicherheit übernommen.

Wie viele Altstoffe gibt es eigentlich?

Als das Chemikaliengesetz erlassen wurde, gab es allenfalls Anhaltspunkte dafür, wie viele Altstoffe bereits auf dem Markt waren. Um rechtlich einwandfrei zwischen Alt- und Neustoffen unterscheiden zu können, entschloß sich die Europäische Gemeinschaft, bei der Umsetzung der EG-Richtlinien, auf der auch das deutsche Chemikaliengesetz beruht, dem Beispiel der USA und Japans zu folgen und eine Liste der Stoffe zu erarbeiten, die vor dem Stichtag der Richtlinie, dem 18. 9. 1981, bereits auf dem Markt der Gemeinschaft waren. Das dazu erforderliche Verfahren war äußerst schwierig: Hersteller und Importeure aus zehn Mitgliedsstaaten konnten ihre Stoffe melden, wobei komplizierte Regeln zu beachten waren.

Diese Erfassung hat die EG-Kommission zwischen 1982 und 1984 vorgenommen. Das auf dieser Erhebung basierende „European Inventory of Existing Commercial Substances" (EINECS) konnte bisher nicht fertiggestellt werden, weil viele Fragen, wie zum Beispiel die der eindeutigen Stoffidentität, nur unter großem Zeitaufwand zu klären waren. Die englische Fassung der Liste soll jedoch noch 1987 veröffentlicht werden.

Sie soll circa 100 000 Stoffe enthalten. Diese Zahl hat in der Öffentlichkeit schon vorab erhebliche Besorgnis ausgelöst. Sie hat den Eindruck geweckt, vor einem Problem zu stehen, das in diesem Jahrhundert nicht mehr gelöst werden kann. Neuere Erkenntnisse der chemischen Industrie haben jedoch inzwischen zu einer Relativierung geführt. Es kann davon ausgegangen werden, daß in der Liste viele Stoffe enthalten sind, die heute entweder gar nicht mehr oder nur noch in kleinen Mengen vermarktet werden.

Arbeit des BUA:
Auswahl – Dokumente – Beurteilung – Empfehlung

Angesichts der geschilderten Situation ergaben sich für das BUA hauptsächlich vier Aufgaben:

- Die Erstellung von Listen von Altstoffen, die hinsichtlich ihrer Auswirkungen auf Mensch und Umwelt vordringlich zu bearbeiten sind („Prioritätsstoffe"),
- die Erarbeitung von Berichten über die Umweltexposition sowie das toxikologische und ökologische Verhalten dieser Stoffe,
- die Beurteilung dieser Dokumentationen aus wissenschaftlicher Sicht und
- die Verabschiedung von Empfehlungen zu ggf. noch zu erarbeitenden Daten.

Um diese Aufgaben erfüllen zu können, mußte das BUA zunächst ein Auswahlverfahren entwickeln. Es sollte eine Reihe von Kriterien berücksichtigen, die für die Umweltrelevanz eines chemischen Stoffes von Bedeutung sind. Und es mußten Kriterien sein, für deren Beurteilung Daten zur Verfügung stehen. Unter diesen Gesichtspunkten wurden in erster Linie berücksichtigt:

- Abbaubarkeit
- Biologische Wirkung (Toxizität, Ökotoxizität)
- Akkumulations-(Anreicherungs-)fähigkeit.
- Vorkommen in der Umwelt

Anhand dieses Auswahlverfahrens, das im nächsten Kapitel näher beschrieben wird, war es möglich, eine Auswahl besonders umweltrelevanter Stoffe vorzunehmen und in mehreren Schritten zu Prioritätenlisten zu gelangen, von denen die erste mit 60 Stoffen 1985 vorgelegt werden konnte; eine zweite mit 75 Stoffen wurde im Sommer 1987 verabschiedet.

Keine „Vorverurteilung"

Mit der Aufnahme in eine Prioritätenliste ist ein Stoff keinesfalls „vorverurteilt". Sie besagt nicht mehr und nicht weniger, als daß das BUA es aufgrund der bis dahin gewonnenen Erkenntnisse für erforderlich hält, diesen Stoff näher zu untersuchen. Das geschieht sukzessive mit allen in den Prioritätenlisten aufgeführten Stoffen in Form von „Stoffberichten", in denen die in der Literatur und bei der chemischen Industrie vorliegenden Daten umfassend ausgewertet werden. Der Umfang variiert nach Zahl und Gewicht der vorliegenden Daten.

Die bei der Erarbeitung der Stoffberichte gewonnenen Erkenntnisse ermöglichen es dem BUA, Empfehlungen an das Bundesumweltministerium auszusprechen. Sie werden in die Stoffberichte aufgenommen und schließen bei bestehenden Erkenntnislücken in der Regel auch experimentelle Prüfungen mit ein.

Entscheidungen über eventuelle Beschränkungsmaßnahmen hat das BUA nicht zu treffen; es bleibt expressis verbis ein wissenschaftliches Beratergremium. Es ist vielmehr Aufgabe der Behörden, aus den Stoffberichten die ihnen angemessenen Konsequenzen zu ziehen. Sie können von unterschiedlicher Art sein: „Derzeit kein Handlungsbedarf", Trendbeobachtungen in der Umwelt, Auflagen zur Einstufung und Kennzeichnung oder Anwendungsbeschränkungen bis hin zum Verbot.

Da die Stoffberichte veröffentlicht werden und jedermann zugänglich sind, ist es Herstellern oder Verarbeitern der in den Berichten behandelten Stoffe unbenommen, schon vor dem endgültigen Urteil der Behörden eigene Konsequenzen zu ziehen. Ein konkretes Beispiel dafür liegt bereits vor: Die Industrie hat auf die Herstellung und weitere Verwendung von Pentachlorphenol freiwillig verzichtet.

Wie gelangt man von 100 000 zu 60 Stoffen?

Prioritätssetzung bei Altstoffen bedeutet in erster Linie Pragmatismus, der sich jedoch an wissenschaftlichen Erfahrungen und Prinzipien orientieren muß, um im Rahmen des überhaupt Möglichen zu objektiven und nachvollziehbaren Ergebnissen zu gelangen.

Die im EG-Altstoffinventar vermutlich enthaltene Zahl von 100 000 ist zu groß, und die für die einzelnen Stoffe vorhandenen Daten sind zu gering, um sie einem systematischen Auswahlverfahren unterziehen zu können. Zudem wäre ein solches Vorgehen ohne jeden praktischen Wert, weil viele von den 100 000 Stoffen zwar noch auf dem Papier existieren, aber nicht mehr im Verkehr sind. Das BUA entschied sich deshalb für ein einfacheres, praxisgerechtes, aber dennoch wissenschaftlich vertretbares Verfahren. Es traf die erste Auswahl aus insgesamt 13 im Anhang dieser Broschüre aufgeführten bereits vorhandenen Stofflisten, die im In- bzw.

Ausland schon früher unter Umweltgesichtspunkten zusammengestellt worden waren und den Anspruch erheben konnten, nach wissenschaftlichen Prinzipien erarbeitet worden zu sein.

Diese Listen ließen sich grob zwei Kategorien zuordnen:

● **Stoffe, die in der Umwelt vorkommen – sieben Listen, 1 816 Stoffe.**
Das sind Stoffe, die in der Umwelt nachgewiesen wurden oder deren Vorkommen in der Umwelt sehr wahrscheinlich ist (Gruppe 1).

● **Stoffe von industrieller Bedeutung – sechs Listen, 3 671 Stoffe.**
Das sind Stoffe, von denen man weiß oder annehmen kann, daß sie industrielle Bedeutung haben und die zum Teil in größeren Mengen hergestellt werden (Gruppe 2).

Aus diesen 13 Listen mit insgesamt 5 487 Stoffen ergab sich nach der Eliminierung von Mehrfachnennun-

Stufenschema des BUA zur Auswahl von Alten Stoffen mit möglicher Umweltrelevanz

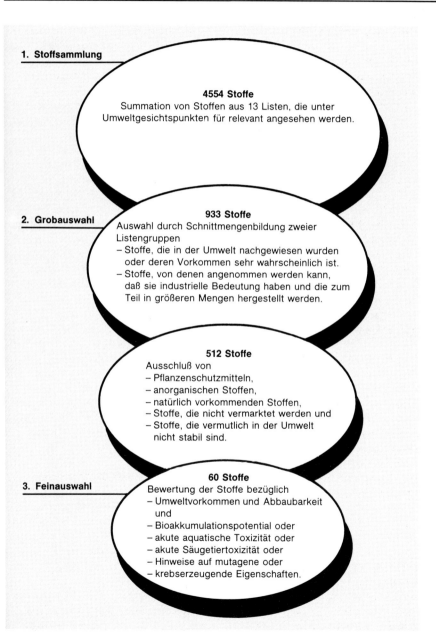

gen innerhalb jeder der beiden Gruppen eine erste eigene Liste des BUA mit 4 554 Stoffen.

In der zweiten Stufe, der Grobauswahl, wurden von den 4 554 Stoffen jene ermittelt, die sowohl in den sieben Listen der Gruppe 1 (Stoffe, die in der Umwelt vorkommen) als auch in der Gruppe 2 (Stoffe von industrieller Bedeutung) aufgeführt waren. Dabei blieben 933 Stoffe übrig.

Aus ihnen wurden Stoffe zurückgestellt, deren weitere Untersuchung aus formalen Gründen nicht vordringlich erschien:
- Pflanzenschutzmittel, weil sie wegen der speziellen gesetzlichen Regelungen gesondert untersucht werden sollen,
- Anorganische Stoffe, insbesondere Schwermetallverbindungen, für die bereits umfangreiche Datensammlungen existieren,
- Stoffe von überwiegend natürlicher Herkunft, z. B. Aminosäuren,
- Stoffe, die nicht durch Vermarktung, sondern aufgrund anderer Prozesse oder als Verunreinigungen in die Umwelt gelangen, z. B. TCDD und einige polyzyklische aromatische Kohlenwasserstoffe,
- Stoffe, die in der Umwelt nicht stabil sind, z. B. Säurechloride.

Übrig blieben nach diesem Ausschlußverfahren noch 512 Stoffe, die in die Feinauswahl gingen.

Feinauswahl besonders aufwendig
Bis zu diesem Punkt waren lediglich schematische Auswahlmethoden zur Anwendung gekommen. Die Feinauswahl war und bleibt demgegenüber wesentlich aufwendiger und zeitraubender, denn sie erfordert die Ermittlung konkreter Daten für jeden einzelnen der 512 Stoffe. Dabei wurden insgesamt acht Auswahlkriterien zugrundegelegt, und zwar einerseits Kriterien zur Umweltexposition:

- Vorkommen in der Umwelt (Wasser, Luft),
- Abbaubarkeit in Wasser und Luft, sowie andererseits Kriterien zur biologischen Wirkung:
- Bioakkumulationspotential,
- Akute aquatische Toxizität,
- Akute Säugetiertoxizität,
- Hinweise auf mutagene (erbgutverändernde) oder kanzerogene (krebserzeugende) Eigenschaften.

Ein kompliziertes Bewertungsverfahren für die einzelnen Kriterien und die dazu vorliegenden Daten führte schließlich zu der ersten Prioritätenliste mit 60 Stoffen, die dem Bundesinnenminister, der damals noch federführend war, im Dezember 1985 überreicht werden konnte.

Von diesen Stoffen kann gesagt werden, daß sie aufgrund der vorliegenden Daten Anhaltspunkte für eine mögliche Umweltgefährdung bieten.

Es muß wiederholt werden, daß damit keine „Vorverurteilung" verbunden ist. Die Auswahl muß zwangsläufig auf der Grundlage einer beschränkten Zahl von Daten erfolgen. Deshalb können Stoffe in eine Prioritätenliste geraten, die sich bei einer genaueren Überprüfung nicht als umweltgefährdend erweisen (falsch positiv). Ebenso können in einer Prioritätenliste Stoffe fehlen, die hineingehören würden, wenn mehr Informationen vorlägen (falsch negativ).

Falsch positive Bewertungen können bei der im nächsten Kapitel dargestellten Erarbeitung der Stoffberichte erkannt und bereinigt werden. Falsch negative Beurteilungen lassen sich nur durch das Bekanntwerden weiterer bzw. neuer Daten erkennen und durch Aufnahme in eine spätere Prioritätenliste korrigieren. Die Frage, ob Versuche, das Problem fehlender Daten durch Rückschlüsse aus der chemischen Struktur eines Stoffes auf bestimmte biologische Wirkungen zu lösen (sog. Struktur-Aktivitätsbeziehungen), erfolgreich sein werden, kann zur Zeit nicht beantwortet werden.

Das gesamte Auswahlverfahren, vor allem die Methodik der Feinauswahl, kann im Rahmen dieser für eine breitere Öffentlichkeit bestimmten Schrift nur summarisch geschildert werden. An Einzelheiten interessierte Leser finden eine umfassende Darstellung in den Berichten des BUA „Umweltrelevante Alte Stoffe – Auswahlkriterien und Stoffliste" von 1986 und 1987.

Beispiel für mögliche Strukturaktivitätsbeziehungen

Verbindungsklasse	Beispiele
Aromatische Kohlenwasserstoffe	3,4-Benzpyren, 3-Methylcholanthren
Aromatische Amine	β-Naphthylamin, Benzidin, 4-Dimethylaminoazobenzol (Buttergelb), 2-Acetylaminofluoren
Nitrosamine	$R_2N-N=O$ $\quad R = CH_3, C_2H_5$
Naturstoffe	Aflatoxin G_1
Sonstige	CrO_4^{2-} Chromat, Asbest, Vinylchlorid

Von der Stoffliste zum Einzelbericht

Für alle in den Prioritätenlisten erfaßten Stoffe werden ausführliche Stoffberichte erarbeitet. Sie dienen der Bundesregierung bzw. den von ihr beauftragten Behörden – Umweltministerium, Umweltbundesamt, Bundesgesundheitsamt – als Entscheidungshilfe für die endgültige Bewertung der Stoffe und eventuell erforderliche Auflagen an Hersteller und Verarbeiter. Alle Berichte werden gedruckt und veröffentlicht; sie sind jedermann über den Buchhandel zugänglich.

Literaturrecherche
Am Anfang der Arbeit an einem Stoffbericht steht eine umfassende Literaturrecherche durch die Firma, die in der Bundesrepublik Deutschland der bedeutendste Hersteller der Chemikalie ist. Sie bedient sich dabei der elektronischen Datenverarbeitung, die den raschen Zugriff auf die in zahlreichen in- und ausländischen Datenbanken gespeicherten Informationen ermöglicht. Da diese Informationen dort häufig nur in Kurzfassungen vorliegen, muß vielfach Originalliteratur aus Bibliotheken beschafft und ausgewertet werden. Jedem Berichtsentwurf, der dem wissenschaftlichen Büro des BUA übersandt wird, werden vollständige Kopien dieser Literaturstellen beigefügt, soweit sie in vertretbarer Zeit zu beschaffen sind.

Arbeitsgruppe
Die Mitarbeiter dieses Büros nehmen eine erste Prüfung der für den Bericht vorgesehenen Aussagen vor. Die dabei gewonnenen Erkenntnisse sowie die von den BUA-Mitgliedern gelieferten Kommentare dienen einer vom BUA einzusetzenden Arbeitsgruppe als Grundlage für eine erste kritische Bewertung des Berichtsentwurfs. Sich dabei ergebende Fragestellungen müssen von den Berichtsautoren durch weitere Recherchen soweit wie möglich geklärt werden.

Verabschiedung im Plenum
Nach zwei Lesungen in der Arbeitsgruppe berät das Plenum des BUA den Bericht und gibt ihn zur Veröffentlichung frei.

Alle Stoffberichte sind weitgehend nach einem einheitlichen, international in der OECD abgestimmten Schema aufgebaut. Am Anfang steht die „chemische Identität", das sind alle zur „Chemie" des Stoffes gehörenden Angaben wie seine verschiedenen Bezeichnungen (z. B. Trichlormethan = Chloroform), Summen- und Strukturformel usw. Es folgen Angaben über chemische und physikalische Eigenschaften, über Zusammensetzung, Herstellung, Verwendung und Analytik der entsprechenden technischen Produkte sowie Vorkommen, Verteilung und Verhalten in der Umwelt.

Besonders ausführlich werden die Wirkungen des Stoffes auf pflanzliche und tierische Organismen sowie den Menschen behandelt.

Jeder Stoffbericht enthält auch eine Zusammenstellung der für den jeweiligen Stoff geltenden gesetzli-

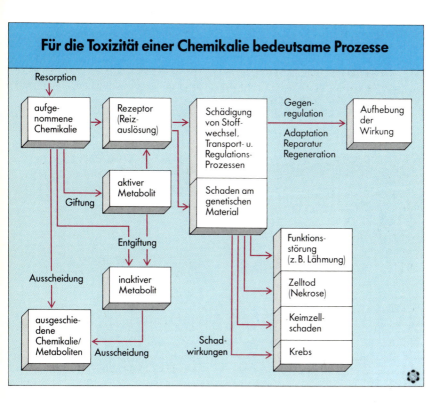

chen Regelungen. Eine Zusammenfassung der im Bericht enthaltenen Aussagen mit entsprechenden Schlußfolgerungen leitet über zu konkreten Empfehlungen des BUA. Diese Empfehlungen befassen sich vor allem mit fehlenden Daten, die zur Bewertung der Umwelt- und Gesundheitsgefährlichkeit der Stoffe erforderlich sind. Sie beziehen sich in der Regel auf weitere praktische Untersuchungen, zum Beispiel auf Mutagenität oder Kanzerogenität, also erbgutverändernde bzw. krebserzeugende Eigenschaften, oder auf Schadwirkungen für bestimmte Modellorganismen für Ökosysteme wie z. B. den Fisch als Modellorganismus für das aquatische Ökosystem.

Die chemische Industrie führt die vom BUA empfohlenen experimentellen Untersuchungen durch. Über den Stand dieser Arbeiten wird im Anhang auf Seite 30 berichtet.

Es wurde bereits erwähnt und am Beispiel von Pentachlorphenol belegt, daß Hersteller und Anwender bestimmter Stoffe die endgültige Bewertung durch die Behörden nicht abwarten müssen, sondern von sich aus Konsequenzen daraus ziehen können.

Ein Verzeichnis der bei Erscheinen dieser Broschüre vorliegenden Stoffberichte findet sich im Anhang auf Seite 29.

Vorgehen bei der Erstellung eines Stoffberichts

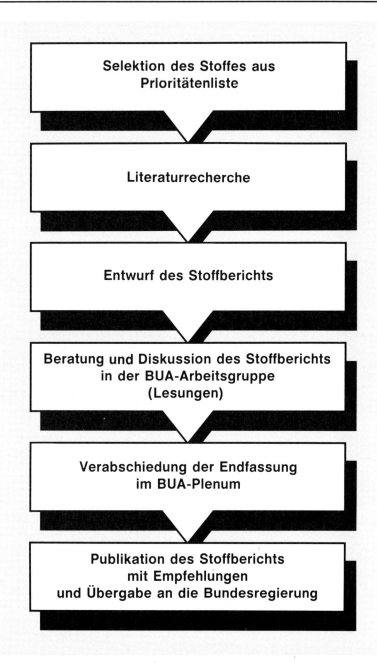

Ausblick

Die bisher geleistete Arbeit kann nur als ein erster Schritt betrachtet werden. Der systematischen Abarbeitung aller Altstoffe von industrieller Relevanz muß auch weiterhin hohe Priorität eingeräumt werden.

Dazu sind zunächst die Stoffe zu identifizieren, die heute nicht mehr oder nur in kleinen Mengen hergestellt werden. Eine wichtige Grundlage dafür ist eine 1986 vom Verband der Chemischen Industrie durchgeführte Umfrage, mit der bei einer repräsentativen Anzahl von Mitgliederfirmen diejenigen Stoffe erhoben wurden, die 1985 in Mengen von über 10 Jahrestonnen hergestellt wurden. Sie hatte folgendes Ergebnis:

10 – 100 jato	ca.	2 200 Stoffe
100 – 1 000 jato	ca.	1 300 Stoffe
1 000 – 10 000 jato	ca.	700 Stoffe
> 10 000 jato	ca.	400 Stoffe
zusammen	ca.	4 600 Stoffe

Diese Zahlen sind zwar mit Vorbehalt zu betrachten, weil nicht alle Firmen befragt und Importe aus anderen EG-Ländern nicht erfaßt wurden. Sie zeigen aber doch, daß die Zahl der Altstoffe, die heute von industrieller Bedeutung sind, viel kleiner ist, als das EG-Altstoffinventar vermuten läßt. Die Liste dieser Substanzen wird dem BUA im Spätherbst 1987 übergeben.

Danach sollten für diese Stoffe systematisch die vorhandenen Daten zusammengetragen werden, um anhand des oben beschriebenen Schemas potentiell umweltgefährliche Substanzen ausfindig zu machen.

Die Arbeit der BG Chemie
Für den Bereich des Arbeitsschutzes besteht seit 1977 bei der Berufsgenossenschaft der chemischen Industrie (BG Chemie) ein dem BUA vergleichbares Beratergremium, das sich mit der Verhütung von Gesundheitsschädigungen durch Arbeitsstoffe befaßt. Die Mitglieder kommen aus Wissenschaft, Behörden und der chemischen Industrie. Dieses Gremium hat eine Liste mit derzeit 173 prioritären Stoffen aufgestellt, zu denen toxikologische Bewertungen ausgearbeitet und veröffentlicht werden. Nur 29 dieser Stoffe stehen auch in der Prioritätenliste des BUA, was u. U. auf die unterschiedliche Fragestellung (Arbeitsschutz/Umweltschutz) zurückgeführt werden könnte. Die beiden Gremien haben Leitlinien für ihre Zusammenarbeit vereinbart, um die Arbeiten zu koordinieren und Doppelarbeit zu vermeiden.

Internationale Programme
Viele Chemikalien werden in großer Menge weltweit hergestellt und international gehandelt. Deshalb bemühen sich OECD, WHO und UNEP, die internationale Zusammenarbeit zu fördern. Die Bundesregierung hat die Ergebnisse der nationalen Arbeiten des BUA und der BG Chemie in zwei internationale Programme eingebracht:

- International Programme on Chemical Safety (WHO, ILO, UNEP)
- OECD Workshop on international Co-operation on the systematic Investigation of Existing Chemicals.

Ziel dieser internationalen Programme ist es, Wege zu finden, um nationale Arbeitsergebnisse gegenseitig verfügbar zu machen und damit Doppelarbeit zu vermeiden. Einen wichtigen deutschen Beitrag stellen hierbei die Stoffberichte und die experimentellen Untersuchungen des BUA dar.

Anhang

Ökologische Prüfungen

Der Daphnien-Test

Toxizitätsprüfungen an Fischen

Prüfung auf „leichte biologische Abbaubarkeit"

Toxikologische Prüfungen
Der Ames-Test

13 Stofflisten, die der ersten Auswahl zugrunde gelegt wurden

Erste BUA-Stoffliste –
Stand 21. Oktober 1985

Zweite BUA-Stoffliste –
Stand 5. Mai 1987

Fertiggestellte BUA-Stoffberichte

Übersicht über die Durchführung der in den Berichten Nr. 1 bis 10 empfohlenen Prüfungen.

Die Mitglieder des GDCh-Beratergremiums für umweltrelevante Altstoffe (BUA)

Ökologische Prüfungen
Der Daphnientest

Zur Beurteilung der Umweltrelevanz eines Altstoffes gibt es eine Reihe von Untersuchungsverfahren. Ein Beispiel für die akute und chemische Wirkung eines Stoffes auf aquatische Lebewesen ist der Toxizitätstest bei Daphnien (Wasserflöhe).

Da Lebensweise und Eigenschaften der Daphnie besonders gut erforscht sind, eignet sie sich hervorragend als Modellorganismus für Kleinlebewesen im Wasser. Der Test auf Schwimmunfähigkeit der Daphnien ist wichtig für die Umweltrelevanz, da sie ein wichtiges Glied in der Nahrungskette von Wassertieren darstellen.

Bei Schwimmunfähigkeit sinken sie zu Boden und stehen somit nicht mehr als Nahrungsquelle für schwimmende Tiere zur Verfügung.

Für den Test wird eine Konzentrationsreihe des Stoffes mit einer definierten Anzahl Daphnien versetzt und die Konzentration ermittelt, die 50% der Tiere schwimmunfähig werden läßt.

Wegen der großen Empfindlichkeit der Daphnie ist dieser Test ein hervorragendes Kriterium zur Beurteilung des Einflusses eines Altstoffes auf die Wasserqualität.

Toxizitätsprüfungen an Fischen

Fische sind als die wesentlichen Modellorganismen für das aquatische Ökosystem anzusehen. Geprüft wird zunächst die akute Giftigkeit des Stoffes, d. h. nach einer Einwirkung von 48 bzw. 96 Stunden. Dabei wird graphisch die Konzentration ermittelt, bei der 50% der untersuchten Spezies sterben (LC_{50}).

Abhängig von dem erhaltenen Ergebnis und der in Gewässern gemessenen Konzentration des Stoffes können chronische Untersuchungen mit einer Expositionszeit von 14 Tagen erforderlich sein sowie in besonderen Fällen ein Reproduktionstest, in dem die Auswirkungen des Stoffes auf den gesamten Fortpflanzungscyclus untersucht werden. Schließlich ist für die Beurteilung toxischer Wirkungen wichtig zu untersuchen, ob der Stoff sich bei längerer Einwirkung in Gewässern in Fischen anreichert (bioakkumuliert).

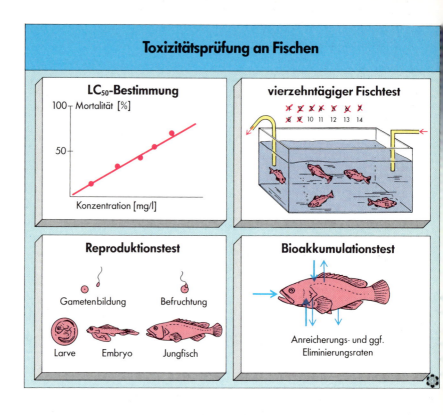

Prüfung auf „leichte biologische Abbaubarkeit"

Ein weiteres Untersuchungsbeispiel ist der Test auf „leichte biologische Abbaubarkeit". Dabei wird die zu prüfende Chemikalie mit einer relativ dünnen Suspension nicht adaptierter Bakterien in Mineralnährlösung über längstens 28 Tage inkubiert. Die Prüfsubstanz wird den Bakterien als alleinige Kohlenstoff- und Energiequelle angeboten. Als Maß für den Abbau dienen die Summenparameter O_2-Verbrauch, CO_2-Entwicklung oder die Abnahme der gelösten organischen Substanz (DOC = dissolved organic carbon).

Eine Substanz gilt als „biologisch leicht abbaubar", wenn 60% (bei Messung des O_2-Verbrauchs oder der CO_2-Entwicklung) bzw. 70% (bei Messung der DOC-Abnahme) der bei vollständigem Abbau theoretisch zu erwartenden Werte erreicht werden. Zusätzliche Bedingung ist, daß diese Werte innerhalb von 10 Tagen nach dem Zeitpunkt erreicht werden, bei dem der Abbau 10% übersteigt (sog. 10-Tage-Fenster).

Im dargestellten Beispiel wird diese Bedingung erfüllt. Von „biologisch

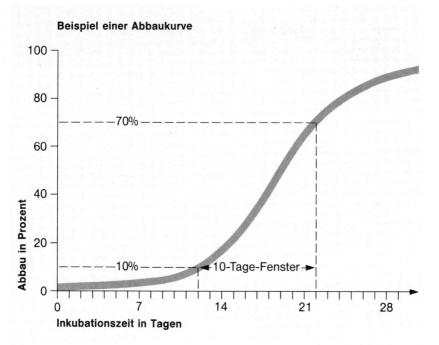

Beispiel einer Abbaukurve

leicht abbaubaren" Substanzen wird zunächst angenommen, daß sie auch in der Umwelt „schnell und vollständig" abbaubar sind. Eine Verifikation dieser Aussage kann nur durch relativ aufwendige Freilanduntersuchungen oder entsprechende *Simulationstests* erfolgen.

Substanzen, die sich als „biologisch *nicht* leicht abbaubar" erweisen, sind auf „potentielle biologische Abbaubarkeit" zu prüfen. Hierfür stehen Tests zur Verfügung, die für den Abbau äußerst günstige Voraussetzungen bieten (u. a. höhere Bakteriendichte, verlängerte Inkubationszeit). Bei der Auswertung dieser Versuche ist besonderes Augenmerk darauf zu richten, ob die Substanzen vollständig mineralisiert werden oder ob stabile Abbauprodukte entstehen.

Toxikologische Prüfungen

Der Ames-Test
Die Frage von krebserzeugenden Wirkungen von Chemikalien ist naturgemäß von besonderem Interesse. Sie kann z. Z. nur im Tierversuch geklärt werden.
Angesichts des damit verbundenen erheblichen Aufwands und im Inter-

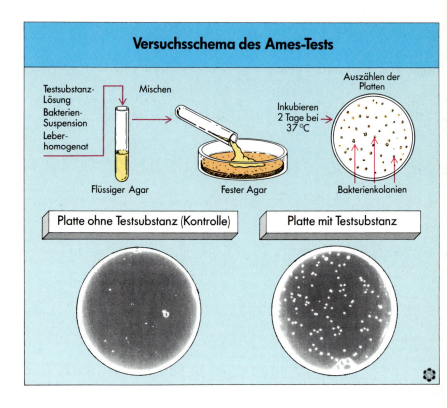

esse der Reduzierung von Tierversuchen überhaupt sind jedoch Teststrategien entwickelt worden, bei denen zunächst die erbgutverändernde Wirkung, d. h. die Mutagenität chemischer Stoffe abgeschätzt wird, da der Nachweis von Wechselwirkungen von Chemikalien mit der DNA als ursächlich für die Krebsentstehung angesehen wird. Für die Erkennung von Punktmutationen, d. h. kleinsten mikroskopisch nicht sichtbaren Veränderungen im molekularen Aufbau der DNA, haben sich Bakterien als ausgesprochen nützlich erwiesen. Beim Ames-Test sind es Bakterien, die von der Aminosäure Histidin abhängig sind.

Untersucht wird, ob auf Histidinarmen Nährböden die Bakterien unter Einwirkung der Chemikalie so mutieren, daß sie auf diesem Nährboden zu wachsen vermögen. Die leicht zu erhaltenden Ergebnisse der Prüfung geben zwar gute Hinweise zur besonderen Vorsicht, sind aber nicht ohne weiteres auf den Menschen zu übertragen.

13 Stofflisten, die der ersten Auswahl zugrunde gelegt wurden

1. Umweltbehörde Japan
263 Stoffe, nach denen in der Umwelt Japans gesucht worden ist.

2. COST 64 b Liste, Großbritannien
1 160 Stoffe, die analytisch qualitativ und quantitativ in aquatischen Proben gefunden worden sind.

3. Kanada: Große Seen 1982.
383 Stoffe, die in den Kanadischen Großen Seen gefunden wurden.

4. Stoffe im Rhein.
288 Stoffe, die im Rhein quantitativ nachgewiesen worden sind.

5. Liste I der EG-Gewässerschutz-Richtlinie 76/464.
Diese Liste mit 164 Stoffen ist aus der sog. BIOKON-Liste hervorgegangen, die ursprünglich etwa 1 500 Stoffe enthielt.

6. US Environmental Protection Agency.
1 201 Stoffe, für die es a) ausreichende Hinweise für eine kanzerogene, mutagene oder teratogene Wirkung gibt, b) die strukturähnlich zu den unter a) genannten Stoffen sind oder für die es Anhaltspunkte für eine kanzerogene, mutagene oder teratogene Wirkung gibt, sowie Stoffe, die toxische Wirkungen auf Menschen oder aquatische Lebewesen haben und die in industriellen Abwässern vorkommen.

7. Katalog wassergefährdender Stoffe. Bundesrepublik Deutschland.
436 Stoffe, ausgewählt nach für die Wassergefährdung relevanten Kriterien.

8. CODATA Liste des Committee on Data for Science and Technology, Paris.
1 876 Stoffe verschiedener Kategorien.

9. US Environmental Protection Agency, TSCA Section 8 (a)
2 197 Stoffe verschiedener Kategorien.

10. Stanford Research Institute 1977, USA.
436 Stoffe, ausgewählt nach US-Produktionsvolumen, Eintrag in die Umwelt und Verwendung.

11. National Science Foundation 1976, USA
81 Stoffe, ausgewählt nach US-Produktionsvolumen und Eintrag in die Umwelt.

12. Environmental Protection Agency Priority List of Chemicals nach TSCA Section 4 (e).
111 Stoffe, ausgewählt nach verschiedenen Kriterien.

13. Niederländische Kandidatenliste.
394 Stoffe, ausgewählt aus anderen Listen sowie nach dem zuständigen Ministerium vorliegenden Daten.

Erste BUA-Stoffliste – Stand 21. Oktober 1985

Stoffbezeichnung	CAS-Nr.
Anthracen	120-12-7
Benz(a)anthracen	56-55-3
Benzol	71-43-2
Benzol, 1-Chlor-2-nitro-	88-73-3
Benzol, 1-Chlor-4-nitro-	100-00-5
Benzol, 1,3-Dichlor-	541-73-1
Benzol, 1,4-Dichlor	106-46-7
Benzol, Hexachlor-	118-74-1
Benzol, 1-Methoxy-2-nitro-	91-23-6
Benzol, 1-Methoxy-4-nitro-	100-17-4
Benzol, 1-Methyl-2,4-dinitro-	121-14-2
Benzol, 2-Methyl-1,3-dinitro-	606-20-2
Benzol, 2-Methyl-1,4-dinitro-	619-15-8
Benzol, 1,1'-Oxybis(methyl-	28299-41-4
Benzol, 1,2,4-Trichlor-	120-82-1

Benzol, 1,3,5-Trichlor-	108-70-3
Benzol, 1,3,5-Trimethyl-	108-67-8
Benzolamin, 4-Chlor-	106-47-8
Benzolamin, 2,3-Dimethyl-	87-59-2
Benzolamin, 2,4-Dimethyl-	95-68-1
Benzolamin, 3,4-Dimethyl-	95-64-7
Benzolamin, 4-Nitro-	100-01-6
Benzolamin, N-Phenyl-	122-39-4
1,2-Benzoldicarbonsäure, Bis(2-ethyl-hexyl)ester	117-81-7
1,2-Benzoldicarbonsäure, Dibutylester	84-74-2
Benzo(a)pyren	50-32-8
1,1'-Biphenyl, chloriert	1336-36-3
1,3-Butadien, 1,1,2,3,4,4-Hexachlor-	87-68-3
1-Butanamin, N,N-Dibutyl-	102-82-9
Chinolin	91-22-5
1,3-Cyclopentadien, 1,2,3,4,5,5-Hexachlor-	77-47-4

Diazen, Diphenyl- (Azobenzol)	103-33-3
Dibenz(a,h)anthracen	53-70-3
Ethan, 1,2-Dibrom-	106-93-4
Ethan, 1,2-Dichlor-	107-06-2
Ethan, Hexachlor-	67-72-1
Ethan, 1,1'-Oxybis-(2-chlor- (2,2'-Dichlordiethylether)	111-44-4
Ethan, 1,1,2,2-Tetrachlor-	79-34-5
Ethan, 1,1,1-Trichlor-	71-55-6
Ethan, 1,1,2-Trichlor-	79-00-5
Ethanol, 2-Chlor-, Phosphat (3:1)	115-96-8
Ethen, Chlor-	75-01-4
Ethen, Tetrachlor-	127-18-4
Ethen, Trichlor-	79-01-6
Fluoranthen	206-44-0
Methan, Brom-	74-83-9
Methan, Chlor-	74-87-3

Methan, Dichlor-	75-09-2
Methan, Tetrachlor-	56-23-5
Methan, Trichlor-	67-66-3
Naphthalin, 2,6-Dimethyl-	581-42-0
Naphthalin, 1-Methyl-	90-12-0
Naphthalin, 2-Methyl-	91-57-6
Phenanthren	85-01-8
Phenol, 2,6-Bis(1,1-dimethylethyl-)-4-methyl-	128-37-0
Phenol, 2,4-Dichlor-	120-83-2
Phenol, 4-Nonyl-	104-40-5
Phenol, 2,4,5-Trichlor-	95-95-4
Plumban, Tetraethyl-	78-00-2
Pyren	129-00-0

Zweite BUA-Stoffliste – Stand 5. Mai 1987

Stoffbezeichnung	CAS-Nr.
Benzol, Chlor-	108-90-7
Benzol, 1-Chlor-2,4-dinitro-;	97-00-7
Benzol, 1-Chlor-2-methyl-	95-49-8
Benzol, 1-Chlor-3-methyl-	108-41-8
Benzol, 1-Chlor-4-methyl-	106-43-4
Benzol, 1-Chlor-2-methyl-3-nitro-	83-42-1
Benzol, 1-Chlor-3-nitro-	121-73-3
Benzol, 1,2-Dichlor-,	95-50-1
Benzol, 1,2-Dichlor-3-nitro-;	3209-22-1
Benzol, 1,2-Dichlor-4-nitro-;	99-54-7
Benzol, Ethenyl- Styrol	100-42-5
Benzol, 1-Methyl-2-nitro-	88-72-2
Benzol, 1-Methyl-3-nitro-	99-08-1

Benzol, 1-Methyl-4-nitro-	99-99-0
Benzol, Nitro-	98-95-3
Benzol, 1,2,4,5-Tetrachlor-	95-94-3
Benzolamin, 2-Chlor-	95-51-2
Benzolamin, 3-Chlor-	108-42-9
Benzolamin, 3-Chlor-2-methyl-	87-60-5
Benzolamin, 3-Chlor-4-methyl-	95-74-9
Benzolamin, 5-Chlor-2-methyl-	95-79-4
Benzolamin, 2-Chlor-4-nitro-	121-87-9
Benzolamin, 2,4-Dichlor-	554-00-7
Benzolamin, 2,5-Dichlor-	95-82-9
Benzolamin, 3,4-Dichlor-	95-76-1
Benzolamin, N,N-Diethyl-	91-66-7
Benzolamin, N,N-Dimethyl-	121-69-7
Benzolamin, 2,5-Dimethyl- 2,5-Xylidin; p-Xylidin	95-78-3
Benzolamin, 2,6-Dimethyl- 2,6-Xylidin; m-Xylidin vic.;	87-62-7

Benzolamin, 3,5-Dimethyl- 3,5-Xylidin	108-69-0
Benzolamin, N-Ethyl-	103-69-5
Benzolamin, 2-Nitro-	88-74-4
Benzolamin, 3-(Trifluormethyl)-	98-16-8
1,2-Benzoldiamin o-Phenylendiamin	95-54-5
1,3-Benzoldiamin m-Phenylendiamin	108-45-2
1,4-Benzoldiamin p-Phenylendiamin	106-50-3
1,3-Benzoldiamin, 4-Methyl- 2,4-Toluylendiamin	95-80-7
1,2-Benzoldicarbonitril Phthalonitril	91-15-6
1,3-Benzoldicarbonitril, Isophathalonitril	626-17-5
1,4-Benzoldicarbonitril,	623-26-7
2(3H)-Benzothiazolthion	149-30-4
1,1'-Biphenyl	92-52-4
(1,1'-Biphenyl)-4,4'-diamin, 3,3'-Dichlor-, 3,3'-Dichlorbenzidin	91-94-1
(1,1'-Biphenyl)-4,4'-diamin, 3,3'-Dimethoxy-, o-Dianisidin	119-90-4
(1,1'-Biphenyl)-4,4'-diamin, 3,3'-Dimethyl-, o-Tolidin	119-93-7

1,3-Butadien, 2-Chlor-, Chloropren	126-99-8
2,5-Cyclohexadien-1,4-dion, 2,3,5,6-Tetrachlor-, Chloranil	118-75-2
1,4-Dioxan	123-91-1
Distannoxan, Hexabutyl- Tributylzinnoxid, TBTO	56-55-9
Ethan, Chlor-	75-00-3
Ethan, 1,1'-Oxybis- Diethylether	60-29-7
Ethan, 1,1,2-Trichlor-1,2,2-trifluor-	76-13-1
Ethen, 1,1-Dichlor-	75-35-4
Formamid, N,N-Dimethyl- DMF	68-12-2
Glycin, N,N'-1,2-Ethandiylbis-(N-(carboxymethyl)- Ethylendiamin-tetraessigsäure	60-00-4
Kohlendisulfid Schwefelkohlenstoff	75-15-0
Methan, Dichlordifluor- R 12	75-71-8
Methan, Trichlorfluor- R 11	75-69-4
Morpholin	110-91-8
Naphthalin	91-20-3

Naphthalin, 1,2,3,4-Tetrahydro-Tetralin	119-64-2
Oxiran, (Chlormethyl)-, Epichlorhydrin	106-89-8
Paraffinwachse und Kohlenwasserstoffwachse, chloriert	63449-39-8
Phenol, 2,3-Dichlor-	576-24-9
Phenol, 2-Nitro-	88-75-5
Phenol, 4-Nitro-	100-02-7
Phosphorsäure, Triethylester	78-40-0
Propan, 1,2-Dichlor-	78-87-5
Propan, 1,2,3-Trichlor-	96-18-4
2-Propanol, 1,1'-Oxibis-Dipropylenglykol	110-98-5
1-Propen, 1,3-Dichlor-	542-75-6
2-Propenal; Allylaldehyd; Acrolein	107-02-8
2-Propennitril; Acrylnitril	107-13-1
1,3,5-Triazin, 2,4,6-Trichlor-; Cyanurchlorid	108-77-0
Oxiran; Ethylenoxid	75-21-8

Fertiggestellte BUA-Stoffberichte

BUA-Stoffbericht Nr.	Name des Stoffes	CAS-Nr.	Erscheinungsmonat u. Jahr	ISBN-Nr.
1	Chloroform	67-66-3	10/85	3-527-26492-2
2	o-Chlornitrobenzol	88-73-3	10/85	3-527-26494-9
3	Pentachlorphenol	87-86-5	10/85	3-527-26493-0
4	Di-(2-ethylhexyl)phthalat	117-81-7	01/86	3-527-26503-1
5	Nitrilotriessigsäure (NTA)	139-13-9	10/86	3-527-26680-1
6	Dichlormethan (Methylenchlorid)	75-09-2	11/86	3-527-26649-6
7	Chlormethan (Methylchlorid)	74-87-3	11/86	3-527-26650-X
8	m-Dichlorbenzol	541-73-1	6/87	3-527-26802-2
9	o-Nitroanisol	91-23-6	6/87	3-527-26803-0
10	p-Nitroanisol	100-17-4	6/87	3-527-26804-9
11	p-Chlornitrobenzol	100-00-5	/87	3-527-26838-3
12	Dinitrotoluole (2,4)	121-14-2	/87	3-527-26839-1
	(2,5)	619-15-8		
	(2,6)	606-20-2		
13	Nonylphenol	25154-52-3	/87	
14	Brommethan (Methylbromid)	74-83-9	/87	
15	Diphenylamin	122-39-4	/88	
16	1,3,5-Trichlorbenzol	108-70-3	/88	

Übersicht über die Durchführung der in den BUA-

Stoff	Art der empfohlenen Prüfungen	Derzeitiger Stand	Voraussichtlicher Abschluß
1 Chloroform	HGPRT-Test*). Zytogenetische Untersuchung in vivo. Inhalative Teratogenitäts-Studie.	Prüfung liegt vor. Prüfung läuft. Hauptversuch abgeschlossen. Auswertung läuft.	Herbst 1987 Ende 1987
2 o-Chlornitrobenzol	Photoabbau in der Atmosphäre. Test auf Punktmutation an Säugetierzellen in Kultur*). Mutagenitätstests in vivo. DNS-Bindung, subchronische Toxizität (Studie an Mäusen, 90 Tage). Chromosomenaberrationstest in vitro. Subakute Toxizität (Studie an Mäusen, 28 Tage).	Testergebnis liegt vor. Von BG Chemie in Auftrag gegeben. Zusätzlich von BG Chemie in Auftrag gegeben.	Mitte 1988 Mitte 1988 Ende 1988
3 Pentachlorphenol	Untersuchung auf Gentoxizität, chronische Toxizität und Teratogenität mit reinem PCP.	Untersuchungen werden nicht durchgeführt, da Produktion in Deutschland inzwischen eingestellt.	
4 DEHP	Embryo-Larventest mit Elritzen. Toxizität gegenüber Algen. Analytik für die o. g. Versuche. Bioakkumulation über 28 Tage. Absorption/Desorption. Inhalative Teratogenitätsstudie. Langzeitstudie am Hamster. Studie zur Absicherung der MAK-Werte bei Inhalation.	Prüfungen in Auftrag gegeben. Prüfungen werden in den USA durchgeführt. Test liegt vor. Test beendet. Versuchsbericht wird z. Z. erstellt.	Ende 1987/Anfang 1988 Herbst 1987
5 NTA	Keine Prüfungen empfohlen.	Empfehlungen der GDCh-Fachgruppe „Wasserchemie" werden übernommen.	

ated empfohlenen Prüfungen

Stoff	Art der empfohlenen Prüfungen	Derzeitiger Stand	Voraussichtlicher Abschluß
6 Methylenchlorid	Untersuchungen zur Abklärung der Spezies-Differenzen bei der karzinogenen Wirkung. Abklärung der Wechselwirkung von Metaboliten des Methylenchlorids mit der DNS.	Konsortium europäischer Hersteller führt entsprechendes Untersuchungsprogramm durch.	Programm im wesentlichen abgeschlossen. Zwei Berichte liegen vor. Untersuchungen der Wirkungen von Langzeiteinwirkung von Methylenchlorid auf das Enzymsystem von Clara-Zellen der Lunge befinden sich in Vorbereitung. Wechselwirkung mit DNS wird ebenfalls noch untersucht. (Alle Ergebnisse voraussichtlich Ende 1987.)
7 Methylchlorid	Untersuchungen zur Aufklärung des toxikologischen Wirkungsmechanismus, insbesondere zur Entstehung von Nierentumoren in männlichen Mäusen.	Entsprechendes Untersuchungsprogramm wurde in Auftrag gegeben.	Ende 1987
8 m-Dichlorbenzol	Subakute Toxizität, 28 Tage. Zytogenetische Untersuchungen in vitro. UDS-Test*). Anaerobe biologische Abbaubarkeit.	Prüfungen außer anaerobem Abbau in Auftrag gegeben.	Ende 1987/Anfang 1988
9 o-Nitroanisol	Subakute Toxizität, 28 Tage. Zytogenetische Untersuchungen in vitro. HGPRT-Test*). Akute Toxizität geg. Daphnien (Wasserflöhe). Toxizität geg. Algen. Biologische Abbaubarkeit (sog. Confirmatory-Test). Anaerobe biolog. Abbaubarkeit.	Wie m-Dichlorbenzol.	dto.
10 p-Nitroanisol	Wie o-Nitroanisol.	Wie m-Dichlorbenzol.	dto.

*) Untersuchungen auf erbgutverändernde Wirkungen.

Die Mitglieder des GDCh-Beratergremiums für umweltrelevante Altstoffe (BUA)

Vorsitzender:
Prof. Dr. E. Bayer, Institut für Organische Chemie der Universität Tübingen

Mitglieder:
Prof. Dr. K. Ballschmiter, Abteilung Analytische Chemie der Universität Ulm
Dr. B. Broecker, HOECHST AG, Abteilung Umweltchemikalien/Verbrauchersicherheit, Frankfurt am Main
Prof. Dr. O. Fränzle, Geographisches Institut der Universität Kiel
Prof. Dr. H. Greim, Gesellschaft für Strahlen- und Umweltforschung mbH, Neuherberg
Dr. W. G. Haltrich, BASF AG, Abteilung D-DUU, Ludwigshafen a. Rh.
Frau Dr. B. Hamburger, BAYER AG, LE Umweltschutz / AWALU, Leverkusen
Prof. Dr. D. Kayser, Bundesgesundheitsamt, Berlin
Priv.-Doz. Dr. W. Mücke, Bayerisches Staatsministerium für Landesentwicklung und Umweltfragen, München
Prof. Dr. P. Müller, Institut für Biogeographie, Universität des Saarlandes
Dr. H.-G. Nösler, HENKEL KGaA, Leitstelle Umwelt- und Verbraucherschutz, Düsseldorf
Prof. Dr. E. Offhaus, Umweltbundesamt, Berlin
Dr. H. G. Peine, BASF AG, Umweltschutz und Arbeitssicherheit, Ludwigshafen a. Rh.
Dr. U. Schlottmann, Bundesministerium für Umwelt, Naturschutz und Reaktorsicherheit, Bonn
Prof. Dr. M. Uppenbrink, Umweltbundesamt, Berlin

Geschäftsstelle:
Dr. H. Behret, Stellvertretender Geschäftsführer der GDCh, Frankfurt am Main

Gesellschaft Deutscher Chemiker e.V.
Geschäftsstelle
Postfach 90 04 40
Varrentrappstraße 40-42
6000 Frankfurt am Main 90

ISBN 3-924763-19-4